◎ 锐扬图书 编

家装风格设计

选材与预算

中式演绎

海峡出版发行集团 | 福建科学技术出版社
THE STRAITS PUBLISHING & DISTRIBUTING GROUP | FUJIAN SCIENCE & TECHNOLOGY PUBLISHING HOUSE

图书在版编目（CIP）数据

家装风格设计选材与预算．中式演绎 / 锐扬图书编．—福州：福建科学技术出版社，2018. 1（2019. 1 重印）
ISBN 978-7-5335-5500-9

Ⅰ．①家… Ⅱ．①锐… Ⅲ．①住宅－室内装饰设计－图集②住宅－室内装饰－装饰材料－图集③住宅－室内装饰－建筑预算定额－图集 Ⅳ．① TU241-64 ② TU56-64 ③ TU723.3-64

中国版本图书馆 CIP 数据核字（2017）第 288858 号

书　　名　家装风格设计选材与预算　中式演绎
编　　者　锐扬图书
出版发行　海峡出版发行集团
　　　　　福建科学技术出版社
社　　址　福州市东水路76号（邮编350001）
网　　址　www.fjstp.com
经　　销　福建新华发行（集团）有限责任公司
印　　刷　福建彩色印刷有限公司
开　　本　889 毫米 ×1194 毫米　1/16
印　　张　8
图　　文　128 码
版　　次　2018 年 1 月第 1 版
印　　次　2019 年 1 月第 3 次印刷
书　　号　ISBN 978-7-5335-5500-9
定　　价　39.80 元

材料选购预算速查表

红樱桃木装饰线/002

亚光墙砖/008

木纹大理石/015

红樱桃木饰面板/022

青砖/030

米色洞石/036

红砖/040

实木顶角线/047

浅啡网纹大理石/052

木格栅/060

实木装饰立柱/066

人造大理石/070

黑胡桃木饰面垭口/078

米色玻化砖/085

钢化玻璃/090

木质踢脚线/098

木窗棂造型/105

中式木质屏风/108

艺术地毯/114

木纹壁纸/123

中式演绎

电视墙

1. 胡桃木格栅贴银镜
2. 装饰壁布
3. 胡桃木窗棂造型
4. 茶色镜面玻璃
5. 混纺地毯
6. 米色大理石
7. 米色网纹玻化砖

1 红樱桃木窗棂造型
2 装饰壁布
3 金刚板
4 爵士白大理石
5 石膏装饰浮雕
6 红樱桃木装饰线
7 肌理壁纸

木装饰线简称木线。木装饰线品种较多，主要有压边线、柱脚线、压角线、墙角线、墙腰线、覆盖线、封边线、镜框线等。各种木线立体造型各异，每类木线有多种断面形状，如平线、半圆线、麻花线、十字花线等。木线主要用作建筑物室内墙面的腰饰线、墙面洞口装饰线、护壁和勒脚的压条饰线、门框装饰线、顶棚装饰角线、栏杆扶手镶边、门窗镶边及家具镶边等。

参考价格：35~70 元 / 根

中式电视墙的常见搭配

1 茶镜吊顶
2 云纹大理石
3 中花白大理石
4 仿木纹壁纸
5 艺术墙砖
6 羊毛地毯

常有人认为中式装饰繁复精美，造价较高。其实，一些简单的搭配同样可以营造出简单时尚的中式电视墙。例如，以中式花纹壁纸为底，在墙面上安放几个精致的中式花格，再在两边对称摆放两个博古架，立刻就可以使整个空间体现出浓厚的中式文化氛围。又如，采用胡桃木色的中式造型窗格，配上普通的磨砂玻璃，简单又大方的中式艺术氛围就呼之欲出了。还可以在墙壁四周加上金黄色的壁纸，适当配合顶部照明灯光，则整个电视墙的装修立刻就提升了一个档次。如果再在沙发墙上配合使用中式木质雕花或贴上书法壁纸、挂上中式传统水墨画等，就更能体现出主人的生活品位了。

1 黑胡桃木装饰立柱
2 混纺地毯
3 实木雕花
4 仿古墙砖
5 木纹大理石
6 手绘墙饰
7 中花白大理石

❶ 茶色镜面玻璃
❷ 白枫木装饰线
❸ 米黄大理石
❹ 爵士白大理石
❺ 装饰茶镜
❻ 艺术墙砖
❼ 米色网纹大理石

1. 手绘墙饰
2. 实木装饰线密排
3. 艺术地毯
4. 胡桃木格栅
5. 胡桃木饰面垭口
6. 红樱桃木饰面板
7. 米黄网纹大理石

1. 米色抛光墙砖
2. 艺术地毯
3. 木质搁板
4. 泰柚木饰面板
5. 仿木纹壁纸
6. 米黄色大理石
7. 米色亚光墙砖

1 印花壁纸
2 胡桃木装饰线
3 胡桃木窗棂造型
4 中花白大理石
5 混纺地毯
6 黑晶砂大理石
7 仿古砖

亚光是相对于抛光而言的，也就是非亮光面。亚光墙砖可以避免光污染，维护起来比较方便。过亮的墙砖，不仅会影响家居环境的温馨、舒适，而且光反射会对视网膜产生刺激，超出眼睛的适应性，会使眼睛疲劳，甚至会导致视觉功能下降，同时还容易使人出现头昏、心烦、失眠、食欲下降、情绪低落、身体乏力等类似神经衰弱的症状。选用亚光墙砖则能避免上述问题的发生。

参考价格：规格 300 毫米 ×450 毫米 6~15 元 / 片

1. 胡桃木格栅
2. 红砖
3. 胡桃木窗棂造型
4. 深啡网纹大理石
5. 实木花格
6. 木纹大理石
7. 仿古壁纸

中式电视墙的常见装饰品

中式电视墙使用的家具多以明式、清式的电视柜为主，以黑色、红色为主要装饰色彩。字画、匾额、挂屏、瓷器、博古架、屏风等都常用于中式电视墙的装修。另外，彩陶、青铜、古朴的器皿和帛画、民间剪纸、年画、地方戏服装和面具等，也能体现出中国传统文化或恢弘、或灵巧，或简约、或精致，或工整、或粗放，或热烈、或娟秀，或质朴、或奢华等多种内涵，都可以用于中式电视墙的装饰，成为非常抢眼的点睛之笔。但是，一定要注意，无论采用什么样的装饰品，以什么样的形式装饰在电视墙上，都不能杂乱无章。应该先确定一个最重要的焦点，予以突出展示。若还需要其他的装饰品来补充，这些用于补充的装饰品绝不能喧宾夺主。

1. 胡桃木装饰线
2. 手绘墙饰
3. 黑色镜面玻璃
4. 石膏板拓缝
5. 红樱桃木窗棂造型贴茶镜
6. 装饰壁布
7. 黑白根大理石波打线

❶ 胡桃木窗棂造型
❷ 米色网纹大理石
❸ 手绘墙饰
❹ 条纹壁纸
❺ 米黄色网纹玻化砖
❻ 灰白洞石
❼ 米色玻化砖

1 手绘墙饰
2 仿木纹地砖
3 中花白大理石
4 胡桃木格栅
5 胡桃木饰面垭口
6 胡桃木窗棂造型贴银镜
7 米色亚光玻化砖

1 皮革软包
2 仿古壁纸
3 米色亚光玻化砖
4 云纹大理石
5 黑胡桃木窗棂造型
6 米色洞石
7 木纹大理石

1. 实木雕花
2. 艺术墙砖
3. 白色人造大理石
4. 镜面陶瓷锦砖
5. 泰柚木装饰线
6. 手绘墙饰
7. 白色乳胶漆

1. 有色乳胶漆
2. 白枫木装饰线
3. 水晶装饰珠帘
4. 木纹大理石
5. 仿古壁纸
6. 陶瓷锦砖
7. 米色网纹大理石

木纹大理石的表面花纹看起来像木板，自然逼真、美观大方。有黑色木纹，还有米黄色底等其他颜色，纹路均匀，材质富有光泽，石质颗粒细腻均匀，色彩大气，质感柔和，美观庄重，格调高雅，是装饰豪华建筑的理想材料，也是艺术雕刻的传统材料。

参考价格：170~350 元 / 平方米

1. 雕花银镜
2. 木纹大理石
3. 米色洞石
4. 胡桃木窗棂造型贴银镜
5. 米黄色玻化砖
6. 红樱桃木装饰线
7. 白色人造大理石

1. 白枫木窗棂造型贴银镜
2. 浮雕壁纸
3. 肌理壁纸
4. 艺术墙砖
5. 装饰壁布
6. 木纹大理石
7. 灰白色网纹人造大理石

❶ 手绘墙饰
❷ 米黄网纹大理石
❸ 浮雕壁纸
❹ 泰柚木饰面板
❺ 仿木纹玻化砖
❻ 柚木窗棂造型贴银镜
❼ 白色人造大理石

如何选购釉面砖

1. 看。合格的釉面砖不应有夹层和釉面开裂现象；砖背面不应有深度为 1/2 砖厚的磕碰伤；砖的颜色应基本一致；距砖 1 米处观测，好的釉面砖不应有黑点、气泡、针孔、裂纹、划痕、色斑、缺边、缺角等表面缺陷。

2. 听。捏住砖的一角将砖提起，用金属物轻轻敲击砖面，听听发出的声音。一般来说，声音清脆的砖密度大、强度高、吸水率较小，质量较好；反之，声音闷哑的砖密度较小、强度较低、吸水率较大，质量较差。

3. 量。即用尺量的方法检查砖的几何尺寸误差是否在允许范围内。一般来说，长度和宽度的误差，正负不应超过 0.8 毫米；厚度误差，正负不应超过 0.3 毫米。检查的时候，应随机抽样，即在不同的箱子里取样检查，数量为总数的 10% 左右，但不要少于 3 块。

4. 比。随意取两块砖，面对面地贴放在一块，看一看是否有鼓翘。再将砖相对旋转 90°，看一看周边是否依然重合。如果砖面相贴紧密，无鼓翘，旋转后周边依然基本重合，就可以认为所查釉面砖的方正度和平整度是比较好的。

❶ 黑色烤漆玻璃
❷ 米白洞石
❸ 仿古砖
❹ 红樱桃木窗棂造型贴茶镜
❺ 中花白大理石
❻ 红樱桃木饰面板
❼ 木纹大理石

❶ 米色抛光墙砖
❷ 实木雕花
❸ 仿古砖
❹ 手绘墙饰
❺ 泰柚木饰面垭口
❻ 红樱桃木饰面板
❼ 中花白大理石

❶ 砂岩
❷ 艺术地毯
❸ 红樱桃木窗棂造型
❹ 手绘墙饰
❺ 米白洞石
❻ 装饰银镜
❼ 大理石拼花

❶ 红樱桃木窗棂造型贴银镜
❷ 手绘墙饰
❸ 米黄色网纹玻化砖
❹ 红樱桃木饰面板
❺ 米色亚光玻化砖
❻ 中花白大理石
❼ 白色人造大理石

红樱桃木木质细腻，颜色呈自然棕红色，装饰效果稳重典雅，又不失温暖热烈，因此被称为“富贵木”，越来越受到追求高品位与个性化人们的喜爱。红樱桃木表面多有矿物质点或条纹，对于崇尚自然的人而言，这更能体现出天然木材制品的固有特性，也多了一点生动与纯朴。

参考价格：70~200 元 / 平方米

1 黑胡桃木装饰线
2 中花白大理石
3 金属波浪板
4 布艺软包
5 胡桃木窗棂造型
6 艺术墙砖
7 米色亚光玻化砖

❶ 红樱桃木窗棂造型
❷ 仿木纹壁纸
❸ 艺术地毯
❹ 黑白根大理石
❺ 铁锈黄网纹大理石
❻ 手绘墙饰
❼ 白色乳胶漆

1. 文化石
2. 水曲柳饰面板
3. 胡桃木格栅
4. 布艺软包
5. 茶色烤漆玻璃
6. 石膏板拓缝
7. 手绘墙饰

❶ 红樱桃木窗棂造型贴茶镜
❷ 肌理壁纸
❸ 红樱桃木饰面板
❹ 手绘墙饰
❺ 实木雕花
❻ 云纹大理石
❼ 仿木纹壁纸

1 云纹大理石
2 黑胡桃木饰面板
3 仿洞石玻化砖
4 红樱桃木拼贴
5 银镜装饰线
6 中花白大理石
7 手绘墙饰

如何选购抛光砖

1. 观色。选购抛光砖，要观察其表面是否光泽亮丽；有无划痕、色斑、漏抛、漏磨、缺边、缺脚等缺陷。把几块砖拼放在一起应没有明显色差，砖体表面无针孔、黑点、划痕等瑕疵，注意观察抛光砖的镜面效果是否强烈，光度越高产品硬度越好，玻化程度越高，烧结度越好，而吸水率就越低。

2. 听音。用手轻敲砖体，仔细辨听声音是否清脆悦耳，有金属音质的，则砖体致密度高，烧结好；如声音粗犷沉闷，则砖体烧结度低，致密度不高；如敲击声音沙哑，此抛光砖则属劣质产品，甚至砖体可能有裂纹。

3. 试水。用少量墨汁或带颜色的水溶液倒于砖面，静置两分钟，然后用水冲洗或用布擦拭，看残留痕迹是否明显，如只有少许残留痕迹，则砖体吸水率低，抗污性好，理化性能佳；如有明显或严重痕迹，则砖体玻化程度低，质量低劣。

4. 掂量。用手掂一下砖，感觉手感沉重与否，同样规格，同一厚度的砖，越重越好，因为越重的砖，致密度越高，越耐磨。

1 中花白大理石
2 印花壁纸
3 直纹斑马木饰面板
4 肌理壁纸
5 红樱桃木饰面板
6 米色网纹大理石
7 木装饰线描金

❶ 皮纹砖
❷ 铁锈黄大理石
❸ 米色网纹玻化砖
❹ 胡桃木窗棂造型贴银镜
❺ 米色大理石
❻ 银镜装饰线
❼ 米黄大理石

1 云纹大理石
2 黑胡桃木窗棂造型贴银镜
3 米色云纹玻化砖
4 水曲柳饰面板
5 青砖
6 米色人造大理石
7 彩绘玻璃

青砖一般选用天然黏土精制而成，烧制后呈青黑色。一般来说，黏土烧制成的砖及煤渣制成的砖比较坚固，既有一定的强度和耐久性，又因其多孔而具有一定的保温隔热、隔声等优点，所以青砖备受室内设计师的追捧。居室内以青砖来装饰墙面，既体现了素雅、沉重、古朴、宁静的美感，又展现了设计师们新颖的设计手法。

参考价格：规格 240 毫米 ×150 毫米 60~180 元 / 箱 280 元 / 平方米

1 红樱桃木饰面板
2 米黄网纹大理石
3 深啡网纹大理石波打线
4 云纹大理石
5 木纹大理石
6 亚光墙砖
7 仿古壁纸

❶ 布艺装饰硬包
❷ 仿木纹地砖
❸ 板岩砖
❹ 黑色镜面玻璃
❺ 手绘墙饰
❻ 肌理壁纸
❼ 红樱桃木窗棂造型

❶ 印花壁纸
❷ 石膏板拓缝
❸ 白色玻化砖
❹ 黑胡桃木装饰线
❺ 米色网纹大理石
❻ 白枫木窗棂造型
❼ 红樱桃木装饰线密排

1 胡桃木窗棂造型
2 仿古砖
3 木纹大理石
4 柚木装饰线
5 文化砖
6 金刚板
7 石膏装饰线

❶ 红樱桃木饰面板
❷ 装饰茶镜
❸ 米黄网纹大理石
❹ 红樱桃木窗棂造型
❺ 手绘墙饰
❻ 艺术墙砖

如何选择电视墙面的装饰玻璃

电视墙采用玻璃制作，能起到隔断的作用。由于容易被碰撞，因此首先应考虑其安全性，最好是采用安全玻璃，目前国内的安全玻璃为钢化玻璃和夹层玻璃。其次，用于电视墙的玻璃厚度应符合以下要求：钢化玻璃不小于 5 毫米，夹层玻璃不小于 6.38 毫米，对于无框玻璃，应使用厚度不小于 10 毫米的钢化玻璃。另外，玻璃底部与槽底空隙应用不少于两块的 PVC（聚氯乙烯）支撑块来支撑，支撑块长度不小于 10 毫米。

❶ 红樱桃木装饰线
❷ 装饰壁布
❸ 红樱桃木窗棂造型贴银镜
❹ 米色洞石
❺ 文化砖
❻ 艺术墙砖
❼ 混纺地毯

洞石因为石材的表面有许多孔洞而得名，其石材的学名是凝灰石或石灰华，商业上，将其归为大理石类。洞石的色调以米黄色居多，它使人感到温和，质感丰富，条纹清晰，用其装饰的建筑物常有强烈的文化和历史韵味。洞石具有良好的加工性、隔声性和隔热性，是优异的建筑装饰材料；洞石的质地细密，加工适应性高，硬度小，容易雕刻，适合用作雕刻用材和异形用材；洞石的颜色丰富，纹理独特，更有特殊的孔洞结构，有着良好的装饰性能。

参考价格：规格 600 毫米 ×600 毫米 65~120 元 / 片

1. 布艺装饰硬包
2. 胡桃木格栅吊顶
3. 陶瓷锦砖
4. 装饰壁布
5. 胡桃木窗棂造型
6. 米色亚光玻化砖
7. 手绘墙饰

❶ 胡桃木窗棂造型
❷ 深啡网纹人造大理石
❸ 艺术地毯
❹ 印花壁纸
❺ 装饰壁布
❻ 米白色网纹大理石
❼ 米黄洞石

中|式|演|绎

客 厅

1. 红樱桃木饰面板
2. 米白色玻化砖
3. 胡桃木窗棂造型
4. 胡桃木饰面板
5. 米色大理石
6. 米色玻化砖
7. 深啡网纹大理石波打线

红砖一般由红土制成，依据各地土质的不同，砖的颜色也不完全一样。一般来说，红土制成的砖及煤渣制成的砖比较坚固，既有一定的强度和耐久性，又因其多孔而具有一定的保温隔热、隔声等优点。居室内用红砖来装饰墙面，既典雅古朴，又展现了个性的装饰风格。

参考价格：规格 240 毫米 ×115 毫米 ×53 毫米 0.5~0.9 元 / 块

1. 手绘墙饰
2. 艺术地毯
3. 黑胡桃木装饰线
4. 红砖
5. 装饰银镜
6. 灰白色网纹人造大理石
7. 混纺地毯

❶ 米黄网纹大理石
❷ 胡桃木窗棂造型
❸ 木纹大理石
❹ 艺术地毯
❺ 皮革软包
❻ 云纹大理石
❼ 中花白大理石

中式风格客厅的混搭

中式风格融入了人们对传统文化的理解和提炼，而现代元素体现了人们对时尚、舒适生活的追求，因此将这两种风格混搭在一起的电视墙非常常见。中式传统材质较为硬朗，常常使人精神紧张，若加入少量的现代元素，能够放松人们的心情，并产生亲切的感觉。如具有反光效果的材料具有很强烈的现代气质，与中式电视墙混搭，可以让整个客厅显得飘逸、疏朗、通透、明亮；现代艺术品代表着前卫和先锋，与中式电视墙混搭，也可以给电视墙带来新鲜的气息。除了将中式传统风格与现代风格混搭外，中式风格与其他地域风格的混搭也蔚然成风，最常见的是东南亚风格与中式风格的混搭：东南亚风格的镂空石雕，与中式风格的彩绘电视墙搭配在一起，给人一种宽广的感觉。

1. 艺术墙砖
2. 米白色亚光玻化砖
3. 不锈钢条
4. 中花白大理石
5. 米白洞石
6. 云纹大理石
7. 米色网纹玻化砖

① 手绘墙饰
② 胡桃木饰面板
③ 米白洞石
④ 金刚板
⑤ 米色大理石
⑥ 深啡网纹大理石波打线
⑦ 红樱桃木饰面板

❶ 米黄大理石
❷ 陶瓷锦砖波打线
❸ 米色大理石
❹ 米黄色网纹玻化砖
❺ 胡桃木窗棂造型
❻ 金刚板
❼ 云纹大理石

1 箔金壁纸
2 米色玻化砖
3 米色洞石
4 陶瓷锦砖
5 印花壁纸
6 浅啡网纹大理石
7 米色亚光玻化砖

1. 米色洞石
2. 米黄网纹大理石
3. 彩绘玻璃
4. 印花壁纸
5. 黑胡桃木窗棂造型
6. 直纹斑马木饰面板
7. 白色玻化砖

因为有的建筑物层高比较高，会显得空旷，所以可在顶和墙面之间装饰一圈实木顶角线。既可以选择没有任何造型的，也可以选择带有花纹的。可根据不同的需要选用榉木、柚木、松木、椴木、杨木等实木线条固定在墙角，然后再选择涂刷清油、混油或油漆。

参考价格：规格 80 毫米 ×150 毫米 ×2500 毫米 32~58 元 / 根

1. 印花壁纸
2. 米色网纹玻化砖
3. 肌理壁纸
4. 中花白大理石
5. 米色亚光玻化砖
6. 米黄网纹大理石
7. 陶瓷锦砖波打线

❶ 车边灰镜
❷ 印花壁纸
❸ 黑胡桃木装饰线
❹ 混纺地毯
❺ 云纹大理石
❻ 布艺软包
❼ 米黄网纹大理石波打线

中式客厅的常用家具

1 中花白大理石
2 胡桃木装饰线密排
3 布艺装饰硬包
4 胡桃木装饰线
5 肌理壁纸
6 茶镜装饰线
7 金刚板

客厅常见的家具包括沙发、茶几、电视柜等，中式客厅的装饰设计也离不开这些要素。在传统的明式装饰中，圈椅、官帽椅是其代表性元素，起着重要的作用。明式圈椅、官帽椅造型简洁，线条雅致，在客厅或者书房中摆放两张这样的椅子，中间再放置一个小几，则一股淳朴、沉稳的气息油然而生。官帽椅分为南官帽椅、四出头式官帽椅两种，在具体应用时区别不大。条案也常用于中式客厅的装修。在古代，条案多是作供台使用的，一般上面会供奉先人的牌位。在现代，由于一般的客厅都没有太多的空间，所以条案的规格都经过减小、改良，在台面上摆设装饰品，再配以射灯等，烘托出一种和谐、静谧的气氛。条案有平头的和翘头的两种，条案脚有马蹄脚、卷纹脚等形状，可以根据业主的喜好选择使用。

1 中花白大理石
2 米色网纹玻化砖
3 石膏顶角线
4 仿古壁纸
5 木纹大理石
6 红樱桃木窗棂造型
7 胡桃木饰面板

1 肌理壁纸
2 黑晶砂大理石波打线
3 陶瓷锦砖
4 爵士白大理石
5 红樱桃木饰面板
6 皮革软包
7 米色亚光玻化砖

1 白色人造大理石
2 白色亚光玻化砖
3 浅啡网纹大理石
4 仿木纹壁纸
5 装饰灰镜
6 胡桃木装饰线
7 白枫木窗棂造型

浅啡网纹大理石具有较高的强度和硬度，还具有耐磨和持久的特性，而且天然石材经表面处理后可以获得优良的装饰性，能够很好地搭配室内空间的装饰。空间宽敞的居室内使用网纹大理石装饰，材料粗犷而坚硬，并且具有大线条的图案，可以突出空间的气势。

参考价格：规格 800 毫米 ×800 毫米 120~160 元 / 片

1 云纹大理石
2 白色乳胶漆
3 米黄网纹大理石
4 中花白大理石
5 米色大理石
6 木纹大理石
7 大理石踢脚线

1. 米色网纹大理石
2. 黑白根大理石波打线
3. 黑胡桃木格栅
4. 混纺地毯
5. 云纹大理石
6. 中花白大理石
7. 肌理壁纸

1. 木质搁板
2. 米色大理石
3. 中花白大理石
4. 布艺装饰硬包
5. 胡桃木饰面垭口
6. 云纹大理石
7. 艺术地毯

1 胡桃木饰面板

2 艺术地毯

3 直纹斑马木饰面板

4 云纹大理石

5 黑金花大理石波打线

6 红樱桃木饰面板

7 中花白大理石

❶ 肌理壁纸
❷ 白色亚光玻化砖
❸ 木纹大理石
❹ 混纺地毯
❺ 红樱桃木饰面板
❻ 中花白大理石
❼ 艺术地毯

如何选购实木家具

首先，向销售商询问家具是否是“全实木”，何处使用了密度板。其次，看柜门、台面等主料表面的花纹、疤节是否里外对应，必要时需检查一下表层是不是贴上去的。用手敲几下木面，实木制件会发出较清脆的声音，而人造板则声音低沉。最后，也是最重要的一步就是闻一下家具。多数实木带有木材特有的香气，松木有松脂味，柏木有柏香味，樟木有很明显的樟木味，但纤维板、密度板则会散发出较浓的刺激性气味，尤其是在柜门或抽屉内。用以上方法会很容易区分出实木家具和人造板材家具。

1 米黄网纹大理石
2 雕花茶镜
3 灰白色网纹玻化砖
4 手绘墙饰
5 胡桃木窗棂造型
6 水曲柳饰面板
7 皮革软包

1. 云纹大理石
2. 黑白根大理石
3. 胡桃木饰面板
4. 黑晶砂大理石
5. 实木装饰线密排
6. 艺术墙砖
7. 米色亚光玻化砖

木格栅结构颇受人们的青睐。木格栅具有良好的透光性、空间性、装饰性及隔热、降噪等功能。在家庭装修中用得最普遍的是推拉门、窗，其次是吊顶、平开门和墙面的局部装饰。木格栅作墙饰，中间镶入磨砂玻璃，轻巧秀丽，静谧与工艺性尽显其中，具有一种“通透”美。

参考价格：420~600 元 / 平方米

1. 艺术墙砖
2. 仿木纹地砖
3. 胡桃木格栅贴茶镜
4. 布艺硬包
5. 米色网纹玻化砖
6. 云纹大理石
7. 红樱桃木窗棂造型

1 胡桃木格栅
2 文化石
3 车边银镜
4 艺术墙砖
5 米色玻化砖
6 红樱桃木饰面板
7 红樱桃木窗棂造型贴灰镜

1. 皮革装饰硬包
2. 米白洞石
3. 艺术地毯
4. 米黄网纹大理石
5. 实木顶角线
6. 箔金壁纸
7. 米黄色网纹玻化砖

1 红樱桃木饰面板
2 肌理壁纸
3 文化石
4 混纺地毯
5 米色网纹大理石
6 装饰银镜
7 抛光仿古砖

1 肌理壁纸
2 云纹大理石
3 深啡网纹大理石
4 黑胡桃木饰面板
5 黑金花大理石波打线
6 胡桃木装饰线
7 羊毛地毯

1 米白洞石
2 艺术地毯
3 铁锈黄网纹大理石
4 仿古砖
5 胡桃木装饰线
6 肌理壁纸
7 米黄大理石

如何选购仿古家具

购买仿古家具时，要在材质上分清是花梨木还是鸡翅木，是红木还是紫檀木等，这都很有讲究。如果一件古典家具标明是红木或是紫檀木的，而价格却很便宜，那一定不是真的。材质符合标签说明的家具，还要具体看其木质，因为每一种木料也分高、中、低档。如果想要选购一件价格不菲的古典家具，最好找懂行的人同去。选购时，要仔细检查家具每一处的外观细部和做工，如家具腿是否水平稳妥，榫头是否结合紧密，是否有虫蛀的痕迹，抽屉拉门开关是否灵活，接合处木纹理是否衔接顺畅等。

❶ 肌理壁纸
❷ 混纺地毯
❸ 白色玻化砖
❹ 红樱桃木饰面板
❺ 艺术地毯
❻ 米色人造大理石
❼ 云纹大理石

实木装饰立柱的木纹理是不受主人年龄限制的，无论家居风格是古典的还是现代的，都可以将木材天然的纹理融入其中。特殊的图案本身就具有古典和现代的设计风格，可以运用到各种材质上，和各种家居环境的搭配也比较容易。

参考价格：根据工艺要求议价

1 红樱桃木装饰立柱
2 云纹大理石
3 仿洞石玻化砖
4 肌理壁纸
5 红樱桃木饰面板
6 艺术地毯
7 米黄大理石

1. 肌理壁纸
2. 石膏板浮雕
3. 米黄色网纹玻化砖
4. 云纹大理石
5. 黑色镜面玻璃
6. 胡桃木窗棂造型
7. 手绘墙饰

1. 仿古壁纸
2. 金刚板
3. 中花白大理石
4. 艺术地毯
5. 布艺软包
6. 黑胡桃木窗棂造型贴银镜
7. 艺术墙砖

人造大理石的花纹的形式和形状能够形成美丽的斑纹，所以具有独特的艺术性、方向性和连续性，常用来改善建筑空间，丰富室内装饰。在使用人造大理石作墙面饰面时，将直线花纹用在水平方向，会使视线向远处延伸，使人产生宁静、平稳、空间高度变矮的感觉。

参考价格：规格 800 毫米 ×800 毫米 120~200 元 / 片

1. 雕花银镜
2. 米黄色玻化砖
3. 胡桃木装饰线
4. 印花壁纸
5. 米色网纹人造大理石
6. 白色亚光玻化砖
7. 混纺地毯

1 胡桃木窗棂造型贴银镜
2 米黄网纹大理石
3 艺术地毯
4 米色人造大理石
5 黑白根大理石
6 茶镜装饰线
7 箔金壁纸

如何选购藤艺家具

1. 细看材质，如藤材表面起皱纹，说明该家具是用幼嫩的藤加工而成的，韧性差、强度低，容易折断和腐蚀。藤艺家具用材讲究，除用云南的藤材以外，很多优质的藤材来自印度尼西亚、马来西亚等东南亚国家，这些藤质地坚硬，首尾粗细一致。

2. 用力搓藤杆的表面，特别注意藤节的部位是否有粗糙或凹凸不平的感觉。印度尼西亚地处热带雨林地区，终年阳光雨水充沛，火山灰质土壤肥沃，那里出产的藤以材质饱满匀称而著称。

3. 可用双手抓住藤家具边缘，轻轻摇一下，感觉一下框架是不是稳固；看一看家具表面的光泽是否均匀，是否有斑点、异色和虫蛀的痕迹。

1. 黑胡桃木窗棂造型
2. 黑胡桃木装饰线密排
3. 灰白色网纹玻化砖
4. 白色人造大理石
5. 米白色玻化砖
6. 肌理壁纸
7. 黑色抛光地砖

1 有色乳胶漆
2 水曲柳饰面板
3 金刚板
4 红樱桃木窗棂造型贴银镜
5 仿洞石亚光玻化砖
6 中花白大理石
7 灰白色人造大理石

❶ 米色亚光墙砖
❷ 手绘墙饰
❸ 艺术地毯
❹ 仿木纹壁纸
❺ 白色玻化砖
❻ 木纹大理石
❼ 混纺地毯

1. 白色乳胶漆
2. 白色玻化砖
3. 混纺地毯
4. 红樱桃木窗棂造型
5. 米色网纹大理石
6. 云纹大理石
7. 米色网纹亚光玻化砖

❶ 米黄大理石
❷ 泰柚木饰面板
❸ 陶瓷锦砖
❹ 有色乳胶漆
❺ 银镜装饰线
❻ 砂岩浮雕
❼ 米色人造大理石

中式演绎

餐 厅

1 艺术墙砖
2 仿木纹地砖
3 米色大理石
4 红樱桃木窗棂造型贴银镜
5 白枫木窗棂造型
6 装饰壁布
7 仿木纹亚光玻化砖

虽然垭口是家装中的小细节，但是装修的最终效果正是由各个细节构成的，因此对其设计也绝不能马虎。黑胡桃木垭口的应用要根据整体的装修风格来确定，造型与色彩要与空间相吻合，使其与周围环境完美融合在一起。天然的木材纹理能营造出一种大自然的清新感觉。

参考价格：130~280 元 / 平方米

1. 黑胡桃木饰面垭口
2. 白色乳胶漆
3. 木质踢脚线
4. 仿木纹地砖
5. 陶瓷锦砖拼花
6. 箔金壁纸
7. 仿古砖

中式餐厅的常用装饰元素

1 胡桃木饰面板
2 艺术墙饰
3 木质踢脚线
4 米色玻化砖
5 大理石踢脚线
6 布艺软包
7 红樱桃木饰面垭口

中式餐厅的色调讲求沉稳、端正、典雅，主材多用硬木，用古玩、字画、玉器等工艺品作点缀。中式餐厅的装饰品种类比较多，大到屏风，小到茶壶，都有独特的效果。不过，一般家庭餐厅还是瓷器、小石雕、字画等小饰品的应用比较多。中式字画多悬挂于墙壁，而工艺品等则常用壁龛展示，也可以用色彩比较沉稳的搁板处理成多宝格的形式。使用多宝格时需要注意，中式餐厅的照明一般采用照度比较均匀的灯具，较少使用强烈的亮度对比，而且，照明的重点仍然应该以餐桌为焦点，壁龛、多宝格等只是处于陪衬和装饰地位。另外，许多具有民族特色的挂毯、织锦等，也可用于中式餐厅的装饰。中式餐厅的吊顶和吊灯最好用圆形，这是因为传统的中国文化中有“天圆地方”之说。

1 胡桃木装饰横梁
2 印花壁纸
3 陶瓷锦砖拼花
4 米黄网纹大理石
5 雕花银镜
6 胡桃木窗棂造型
7 米白色玻化砖

❶ 胡桃木装饰横梁
❷ 木质踢脚线
❸ 米色亚光玻化砖
❹ 红樱桃木饰面板
❺ 红樱桃木格栅贴茶镜
❻ 磨砂玻璃
❼ 米色玻化砖

1. 白枫木窗棂造型贴银镜
2. 米色亚光玻化砖
3. 木质踢脚线
4. 肌理壁纸
5. 仿古砖
6. 磨砂玻璃
7. 印花壁纸

1. 印花壁纸
2. 米色玻化砖
3. 红樱桃木饰面板
4. 大理石踢脚线
5. 磨砂玻璃
6. 白色乳胶漆
7. 米黄色玻化砖

1 仿洞石玻化砖
2 仿古壁纸
3 磨砂玻璃
4 红樱桃木饰面板
5 手绘墙饰
6 米白洞石
7 装饰银镜

1 红樱桃木窗棂造型贴银镜
2 红樱桃木饰面板
3 仿古砖
4 白枫木饰面板
5 米黄网纹大理石波打线
6 仿古砖
7 胡桃木格栅

选择玻化砖，一定要注重其光洁度、砖体颜色、分量以及环保性。缝隙越小、结合得越紧密，表明光洁度就越好。光洁度越好，就说明玻化砖的生产工艺越高。人们越来越重视环保，所以购买玻化砖的时候还要看产品的相关质检报告，尤其要看产品的辐射性指标。

参考价格：规格 800 毫米 ×800 毫米 120~200 元 / 片

1 艺术墙砖
2 文化砖
3 木质窗棂造型隔断
4 肌理壁纸
5 米白洞石
6 白色乳胶漆
7 磨砂玻璃

- ❶ 胡桃木格栅
- ❷ 彩绘玻璃
- ❸ 有色乳胶漆
- ❹ 红樱桃木饰面板
- ❺ 肌理壁纸
- ❻ 铂金壁纸
- ❼ 米色大理石

如何选择木龙骨

家庭装饰一般选用杉木做基层的木龙骨，因为它的木质略带清香，纹理较密、弹性好、不易腐烂，耐得住螺钉、圆钉钉而不裂。因此，杉木方是我们做龙骨的首选。选购时须注意以下事项：看颜色是否鲜明，新鲜的木方略带红色、纹理清晰，如果其色彩呈暗黄色、无光泽，说明是朽木。看木方是否直，如果有弯曲也只能是顺弯，不允许呈波浪弯曲，否则做龙骨容易引起结构不平、变形等。要选木节较少、较小的杉木方，如果木节大且多，易从木节处断裂，若钉子、螺钉在木节处拧不进去或钉断木方，将会导致基层不牢固。要选没有树皮、虫眼的木方。要选密度大的木方，用手拿有沉重感，用手指甲抠不会有明显的痕迹，用手压木方有弹性，弯曲后容易复原、不会断裂，用手敲时声音要响亮、清脆。

1 印花壁纸
2 深啡网纹大理石波打线
3 胡桃木格栅贴灰镜
4 仿木纹地砖
5 白色乳胶漆
6 黑白根大理石波打线
7 白枫木窗棂造型贴银镜

1 米色网纹大理石
2 红樱桃木窗棂造型
3 黑白根大理石波打线
4 鹅卵石
5 大理石踢脚线
6 米黄色玻化砖
7 雕花银镜

钢化玻璃其实是一种预应力玻璃。为了提高玻璃的强度,通常使用化学或物理的方法，在玻璃表面形成压应力，玻璃承受外力时首先抵消表层应力，从而提高承载能力，增强玻璃自身抗风压性、寒暑性、冲击性等，适合于建筑、装饰装修、家具等行业。

参考价格：规格厚 8 毫米 60~100 元 / 平方米

1 印花壁纸
2 仿木纹地砖
3 木纹大理石
4 肌理壁纸
5 红樱桃木窗棂造型贴黑镜
6 红樱桃木饰面板
7 大理石踢脚线

1. 米黄大理石
2. 磨砂玻璃
3. 黑金花大理石波打线
4. 木纹抛光墙砖
5. 雕花茶镜
6. 有色乳胶漆
7. 胡桃木装饰立柱

1 木纹大理石
2 有色乳胶漆弹涂
3 印花壁纸
4 大理石踢脚线
5 米色网纹玻化砖
6 金属砖

❶ 肌理壁纸
❷ 胡桃木窗棂造型隔断
❸ 米色玻化砖
❹ 木质踢脚线
❺ 米色亚光玻化砖
❻ 陶瓷锦砖波打线
❼ 白色乳胶漆

1 装饰壁布
2 泰柚木饰面板
3 米色网纹玻化砖
4 肌理壁纸
5 仿洞石玻化砖
6 实木花格
7 大理石踢脚线

如何选购吊顶用的铝扣板

1. 手绘墙饰
2. 木质踢脚线
3. 仿洞石玻化砖
4. 黑白根大理石
5. 绯红色网纹玻化砖
6. 板岩砖
7. 米色亚光玻化砖

1. 铝扣板的好坏不全在于薄厚，关键在于铝材的质地。选购时除了要注意表面的光洁度，还要观察板子薄厚是否均匀（对于家庭用的铝扣板来说，只要 0.6 毫米厚就足够了，没有必要用 0.8 毫米或 0.88 毫米的），可用手捏一下板子或弯一下铝扣板，看其弹性，如果能够基本复原，表示其弹性较好、质量较佳。

2. 挑选铝扣板的时候，应根据家庭装修特点认真选择，以使其与整个居室的风格相适应。

3. 铝扣板吊顶的龙骨有轻钢龙骨和木龙骨两种。木龙骨受潮后容易变形，进而导致吊顶变形；如果用轻钢龙骨安装，由于吊顶上面所有的材料都是金属的，所以能够最大限度地防止顶棚变形。

1 有色乳胶漆
2 米色网纹玻化砖
3 金刚板
4 胡桃木格栅
5 人造石踢脚线
6 装饰壁布
7 仿古砖

1. 肌理壁纸
2. 大理石踢脚线
3. 米色亚光玻化砖
4. 箔金壁纸
5. 仿古砖
6. 红樱桃木饰面板
7. 仿古壁纸

1 仿古砖
2 印花壁纸
3 米黄色抛光墙砖
4 中花白大理石
5 有色乳胶漆
6 磨砂玻璃
7 手绘墙饰

踢脚线与阴角线、腰线一起起着平衡视觉的作用，它们的线形感觉及材质、色彩等在室内相互呼应，可以起到较好的美化装饰效果。踢脚线的另一个作用是保护，踢脚线可以更好地使墙体和地面牢固结合，减少墙体变形，避免外力碰撞造成的破坏。另外，踢脚线也比较容易擦洗，擦地的时候也可以避免对墙面的污染。踢脚线除了它本身的保护功能之外，在家居装饰中也占有一定的地位，因为它是地面的轮廓线，而人们的视线又经常会很自然地落在上面。

参考价格：规格 2200 毫米 ×90 毫米 ×15 毫米 15~35 元 / 根

1 浅啡网纹大理石
2 米色亚光玻化砖
3 磨砂玻璃
4 米色抛光墙砖
5 黑白根大理石波打线
6 胡桃木装饰线
7 金刚板

1. 米白色人造大理石
2. 米黄色网纹玻化砖
3. 深啡网纹大理石波打线
4. 泰柚木饰面板
5. 有色乳胶漆
6. 仿木纹地砖
7. 金刚板

中式演绎

卧 室

1 米白洞石
2 羊毛地毯
3 实木顶角线
4 红樱桃木饰面板
5 艺术地毯
6 胡桃木饰面板
7 胡桃木窗棂造型

中式卧室装饰的常用搭配

中式卧室注重展现层次美，可从吊顶、墙面、地面、家具等方面着意营造。

中式卧室注重营造典雅庄重的感觉，装饰主材多用原木材质，色彩要求统一、和谐、稳重，地面以木地板为主，把重要位置或中心位置用浓重的颜色强调出来。卧室的墙面多偏向简洁，采用米黄色或白色为主要色调，装饰以胡桃木木线等，在时尚中流露出典型的古典韵味。中式卧室的床头空间可选择具有中式风情的暖色图画，如牡丹等，主色调要与整个空间的色调一致，在庄重的同时又包含了舒适浪漫的温情感觉，更好地烘托出卧室的气氛。中式卧室的吊顶常采用木花格造型，表现出主人生活品位的典雅和高贵。另外，还可以使用传统的中式木质雕花窗棂，更能流露出一份奢华和淡雅的气息。

1. 布艺软包
2. 金刚板
3. 手绘墙饰
4. 实木顶角线
5. 印花壁纸
6. 白色乳胶漆

1 肌理壁纸
2 艺术地毯
3 金刚板
4 实木花格贴银镜
5 布艺装饰硬包
6 胡桃木窗棂造型
7 手绘墙饰

1 装饰壁布
2 印花壁纸
3 仿古砖
4 松木板吊顶
5 泰柚木饰面板
6 艺术地毯
7 金刚板

木窗棂造型具有古朴典雅的气质，与现代装饰融为一体，更能展现出主人的个性。木窗棂造型显示了中国传统的造型艺术，玲珑剔透，立体感较强，也体现了中国古代木雕艺术的精髓，展示了中国文化艺术的深刻内涵。

参考价格：420~600 元 / 平方米

1 密度板拓缝
2 艺术地毯
3 雕花银镜
4 皮革软包
5 条纹壁纸
6 装饰壁布
7 羊毛地毯

1 布艺装饰硬包
2 艺术地毯
3 皮革软包
4 红樱桃木窗棂造型
5 实木顶角线
6 银镜装饰线
7 金刚板

1. 红樱桃木装饰线
2. 金刚板
3. 红樱桃木窗棂造型
4. 布艺装饰硬包
5. 肌理壁纸
6. 木质踢脚线
7. 艺术地毯

以木质屏风作为床头背景墙的装饰，最重要的作用就是通过屏风的质感、色彩、线条样式来表现设计的装饰美感。设计师通过对这些样式的巧妙处理来改善生活空间，弥补原有建筑设计的不足，营造出理想的空间氛围和意境，从而美化生活环境。

参考价格：实木 500~800 元 / 平方米

1. 胡桃木格栅吊顶
2. 艺术地毯
3. 肌理壁纸
4. 仿木纹壁纸
5. 黑胡桃木窗棂造型贴茶镜
6. 装饰壁布
7. 茶镜装饰线

❶ 箔金壁纸
❷ 装饰壁布
❸ 布艺软包
❹ 胡桃木装饰线
❺ 混纺地毯
❻ 皮革装饰硬包
❼ 印花壁纸

1 布艺装饰硬包
2 金刚板
3 胡桃木窗棂造型
4 印花壁纸
5 米黄色玻化砖
6 中式木质屏风
7 白色乳胶漆

1. 有色乳胶漆
2. 红樱桃木饰面板
3. 肌理壁纸
4. 皮革装饰硬包
5. 手绘墙饰
6. 红樱桃木饰面板

如何选择卧室墙面的装饰材料

市场上可供用于卧室墙面装饰的材料很多，有内墙涂料、PVC（聚氯乙烯）墙纸以及玻璃纤维墙纸等。在选择上，首先应考虑与房间色调及家具是否协调的问题。卧室的色调应以宁静、和谐为主旋律，面积较大的卧室，选择墙面装饰材料的范围比较广；而面积较小的卧室，偏暖色调、浅淡的小型图案较为适宜。在选择卧室墙面的装饰材料时，材料的色彩宜淡雅一些，太浓的色彩一般难以取得较满意的装饰效果，选用时应予以注意。

❶ 红樱桃木窗棂造型
❷ 红樱桃木饰面板
❸ 金刚板
❹ 红樱桃木饰面板
❺ 艺术地毯
❻ 黑胡桃木格栅

1 布艺软包
2 红樱桃木窗棂造型
3 印花壁纸
4 木质踢脚线
5 手绘墙饰
6 混纺地毯
7 金刚板

艺术地毯具有经久耐用、容易清洁等特性，既有特殊的编织纹路，又有耐磨、防火、消声等效果，且其上摆放家具之后不会有压纹产生。艺术地毯适合摆放在客厅、卧室等地方，既美观又实用。

参考价格：规格 1400 毫米 ×2000 毫米 400~550 元

1. 肌理壁纸
2. 金刚板
3. 印花壁纸
4. 木质踢脚线
5. 胡桃木格栅
6. 红樱桃木装饰线
7. 布艺装饰硬包

1 装饰壁布
2 艺术地毯
3 木质踢脚线
4 有色乳胶漆
5 皮革软包
6 红樱桃木窗棂造型贴灰镜
7 手绘墙饰

1 肌理壁纸
2 艺术地毯
3 红樱桃木百叶
4 金刚板
5 红樱桃木饰面板
6 红樱桃木装饰线

1. 胡桃木装饰线
2. 肌理壁纸
3. 艺术地毯
4. 红樱桃木窗棂造型
5. 金刚板
6. 有色乳胶漆
7. 米白色玻化砖

1 磨砂玻璃
2 肌理壁纸
3 仿皮纹壁纸
4 黑胡桃木装饰线
5 白枫木百叶
6 艺术地毯
7 彩绘玻璃

1 金刚板
2 红樱桃木饰面板
3 布艺软包
4 茶镜装饰线
5 泰柚木饰面板
6 艺术地毯

如何设计卧室的灯光

卧室尽量不要使用装饰性太强的悬顶式吊灯，它不但会使房间产生许多阴暗的角落，也会在头顶形成太多的光线，躺在床上向上看时灯光还会刺眼。最好采用向上打光的灯，既可以使房顶显得高远，又可以使光线柔和，不伤害眼睛。除主要灯源外，还应设台灯或壁灯，以备起夜或睡前看书用。另外，角落里设计几盏射灯，以便用不同颜色的灯泡来调节房间的色调，如黄色的灯光就会给卧室增添不少浪漫的情调。

❶ 黑胡桃木饰面板
❷ 条纹壁纸
❸ 直纹斑马木饰面板
❹ 有色乳胶漆
❺ 混纺地毯
❻ 艺术墙砖
❼ 金刚板

1 皮革装饰硬包
2 直纹斑马木饰面板
3 艺术地毯
4 红樱桃木装饰线
5 木质踢脚线
6 布艺软包
7 红樱桃木窗棂造型

1 布艺软包
2 金刚板
3 红松木板吊顶
4 米黄色玻化砖
5 黑胡桃木饰面垭口
6 黑胡桃木窗棂造型贴银镜
7 皮革软包

1 箔金壁纸
2 布艺软包
3 实木装饰线密排
4 肌理壁纸
5 艺术地毯
6 黑胡桃木装饰线
7 金刚板

壁纸的色调如果能与家具、窗帘、地面材料、灯光相配衬，室内环境则会显得和谐统一。对于居室中不同的功能区，最好选择不同的壁纸，以达到与家具和谐的效果。如深暗及明快的颜色适宜用在餐厅和客厅；冷清及亮度较低的颜色适宜用在卧室及书房；面积小或光线暗的房间，宜选择图案较小的壁纸。

参考价格：规格 5.3 平方米 / 卷 90~260 元

1 米色网纹大理石
2 混纺地毯
3 金刚板
4 红樱桃木饰面板
5 仿木纹壁纸
6 皮革软包
7 胡桃木装饰线